Rice
趙柏淯的
招牌飯料理
炒飯、炊飯、燴飯、異國飯&粥
朱雀文化

大家來呷飯

RICERICE

　　十三年來在救國團各教育中心教授烹飪美食，我針對各階層學員在烹飪方面的需求，開設了中菜、中點、麵飯、熱炒等諸多課程，每每都得到學員們的熱烈迴響。蒙朱雀出版社的邀約，陸續將手邊的教學資料整理出來，並加上目前流行的及方便烹飪的各式料理結輯出書，包括《趙柏淯的招牌飯料理》、《趙柏淯的私房麵料理》、《來塊餅》、《南洋料理100》，以及《5分鐘涼麵•涼拌菜》等，都受到讀者的喜愛與支持。米飯營養多多，且烹調方法簡便快速，希望將這本書獻給愛飯的人、忙碌的職業婦女及單身貴族。

　　南方人，還是傳承了「南飯北麵」的飲食習慣，既愛飯又愛麵，每在肚子極餓時，就會想到飯、麵，尤其是滷肉飯、焢肉飯、廣式臘味飯、鹹魚雞粒炒飯，更是我的最愛。很多人以爲吃米飯會發胖，事實上它不但不容易發胖且含有優質的蛋白質及醣類、維生素B群等營養素，更重要的是它能提供飽足感，降低對零食和其他不必要的高熱量食物攝取，所以身體發胖不是米飯惹的禍，而是吃進去的熱量高於消耗的熱量所產生的脂肪囤積。

　　烹調米食非常簡便，利用冰箱中剩餘或庫存的任何食物、罐頭來組合烹製成菜飯、燴飯、炒飯或鹹粥，均可免除設計主菜、配菜的煩惱。對於偏食的孩子，可將營養的蔬果加入炒飯中，縱使不喜歡吃的食物，不知不覺就吃進肚裡。當家中突有客人造訪或逢年過節，也可以在米飯內添加一些高級乾貨、海味或討吉利的食物烹煮，客人滿意又不失年節氣氛。喜愛清淡五穀雜糧、崇尚天然或素食者，可於米飯內添加喜愛的原味穀類、豆類等烹調出營養健康米飯。職業婦女公事家事兩頭忙，實在沒有太多的時間烹飪，我想一盤炒飯或電鍋蒸飯絕對可以照顧你一家人的胃及健康。單身貴族外食膩了，若煮太多菜又無法消化，所以一碗飯最適合不過了。愛飯族更不用說了，怎麼配、怎麼煮，書中65道不同風味的飯，絕對可以滿足你。

趙柏淯 謹序

R I C E I C E R I C E

CONTENTS

趙柏淯的招牌飯料理

炒飯、炊飯、燴飯、異國飯 & 粥

本書使用度量單位

＊ 書中用的「杯」指的是家用電鍋的量米杯，約150c.c.的水容量。

＊ 書中用的「碗」指的是家中吃飯用的標準飯碗，約230c.c.的水容量。

＊ 書中用的「1大匙」＝15 c.c.，「1小匙」＝5 c.c.

家常便利飯

地方·異國風味飯

營養健康飯

稀飯和粥

米米家族大集合

R I C E R I C E R I C E

米的營養：

米依其精緻程度可分為糙米、胚芽米和精白米（白米），含有豐富的蛋白質、脂肪、醣類、礦物質、維生素等，尤其蛋白質、醣類、脂肪是人體不可缺乏的熱量營養素。一般家中較常以精白米煮飯，建議你不妨嘗試使用營養價值極高的糙米及胚芽米煮飯，精白米是已去除米糠和胚芽的米，只剩胚乳，所以營養價值稍低。

近年來，國人飲食日趨西化，喜歡吃油炸食物，容易導致營養攝取不均衡，也帶來許多的文明病；如果改以老祖先的飲食習慣，多吃米、小麥、薯類及豆類食物，少吃油膩食物就可以降低膽固醇，以及心血管疾病、慢性病、肥胖症的罹患率將會減少。而且米食對腸胃道、肝臟、癌症疾病及免疫功能均有不錯的療效，所以從米的營養價值與促進健康的功能來談，要健康就要多吃米飯。

●**蓬萊米**

米粒粗而短，近似橢圓形，黏性強，多用來煮飯或做壽司。

●**秈稻長米**

米粒細而長，粒形扁平，黏性弱，適合煮飯。

●**圓糯米**

圓糯較黏、滑口，適合製作年糕、麻糬或鹼粽。

●**長糯米**

黏性比較低，有一點澀硬，適合製作油飯、粽子或飯糰。

●**胚芽米**

稻米去掉米糠，保留胚芽和胚乳所碾製的米，其營養價值比白米高些，且煮法也相同，唯浸泡時間是白米的2倍。

●**糙米**

是米類中最營養的米，其營養成份是白米的2倍，根據研究指出長期進食糙米，有助將毒素(如食物添加劑、農藥及放射性物質等)排出體外。浸泡時間需久些，約白米的2.5倍。

●**紫米（黑糯米）**

在古代是獻給皇帝食用的貢品，非常珍貴，營養豐富但卡路里只有糙米的一半，是追求愛美人士的最佳選擇，可以熬粥或做甜點。

●**紅米**

紅米含豐富磷質、鐵質、維生素B群，能改善營養不良、腳氣病，以及腳腫脹疾病。

●**小米（粟米）**

與白米一同蒸煮即為健康的雜糧飯，小米浸泡的時間，以及水量的添加與煮白米相同。

煮一鍋好吃的白飯

R I C E R I C E R I C E

選好米的重點：

❶米粒外觀

每顆米粒大小均一、飽滿堅硬、完整無破損或發黃、具光澤且乾燥為佳。

❷品牌、生產日期需標示清楚

米的廠牌琳瑯滿目，各具其特色及風味風味，購買時應注意生產日期、保存期限、碾製的廠商及服務電話，應標示清楚，避免買到來路不明的米。最好選擇由政府認證設備優良、衛生及品管良好的米，包裝袋上會標示「CAS」標記。

保存米的方法：

台灣氣候溼熱，容易造成米質劣化，若存放過久或貯藏不當，很容易孳生赤褐色的米蟲，所以選購時應以10~15天能吃完的份量為宜。用不完的米放入桶中，置於陰暗、乾燥、低溫處儲藏，也可以在米中放入數粒蒜頭，可防止米蟲的繁殖。

讓飯好吃的5步驟：

❶洗米

搓洗米的動作要輕且快，只要將附著於米中的雜質或灰塵去除即可，洗米2~3次至水由濁轉清，多次的搓洗易造成大量的營養素流失。

❷浸米

水量是煮好飯的重要秘訣，新米及舊米的加水量有些許差異，一般而言，新米與水的比例為1:1.1，也就是內鍋中1杯米加入1杯多一點點的水（電子鍋），若使用電鍋煮，則外鍋統一放入1杯水（米量不影響外鍋水量），舊米為1:1.2~1.3。浸米目的是讓食米充分的吸夠水份，夏天約30~60分鐘，冬天1~2小時左右。當然水量的多寡可依個人喜好調整，加入的水量多，煮出來的飯就較軟黏；反之則較硬具彈性，但若加過多小心呈糊狀喔。

❸加熱蒸煮

一般電子鍋或電鍋蒸煮時間約20～25分鐘，待電源開關跳起，別急著打開鍋蓋，必須再燜煮5分鐘，再按下電源使其加熱至開關跳起，續燜10～15分鐘即可打開鍋蓋。飯經過燜煮後，其米粒外面的游離水、濕氣均被吸收到米粒內，可呈現鬆散具彈性的米飯。蒸煮米飯時，可添加少許沙拉油或醋、酒、鹽，都能讓白飯晶瑩剔透、充滿香氣且吃起來有點黏又不會太黏。

❹打鬆

煮好的飯要馬上將飯打鬆，使多餘的水氣在拌動時蒸發掉，飯才會香Q好吃。

❺盛飯

飯盛入碗內時，千萬別將飯壓得緊密，應盡量盛得鬆鬆的，這樣才能吃到QQ的飯。

以瓦斯煮飯：

先以小火煮沸，掀開蓋子用筷子翻動米粒，蓋鍋後轉中小火續煮（視米量的多寡約10～30分鐘），再轉微小火燜煮10～20分鐘即可（燜煮時不可任意掀蓋）。煮好的米飯若太軟時，可用乾淨的棉布鋪於飯上，再開微火蒸3～5分鐘，讓棉布吸走一些水份飯就不會太軟了。

台式清粥煮法：

台式清粥是早餐、宵夜的最佳良伴，早上吃碗熱騰騰的粥再配上花生米、醬菜或豆腐乳真是莫大的享受。

♥**材料：（2～3人份）**

白米1杯、水5杯

♥**做法：**

❶白米洗淨瀝乾，加入水以中火煮沸，轉小火將鍋蓋掀開一小縫以免米湯溢出，熬煮40分鐘關火。（若擔心米湯溢出，也可以使用電鍋或電子鍋煮約20~25分鐘至開關跳起。）

❷鍋蓋緊密燜20分鐘再食用。

RICE

家常便利飯
Home Style Rice

筒仔米糕
RICE
雞肉絲飯
RICE

筒仔米糕

♥**材料：**（8人份）
糯米4杯、絞肉150g.、蘿蔔乾30g.、香菇絲30g.、蝦米30g.、滷蛋2個、紅蔥頭末30g.

♥**調味料：**
A. 鹽1小匙、深色醬油1/2大匙、五香粉1/2小匙、胡椒粉1小匙
B. 鹽1/2大匙、深色醬油1大匙

♥**做法：**
❶ 糯米洗淨，加入適量水浸泡2小時後瀝乾待用，蘿蔔乾切碎，滷蛋各切成4片。
❷ 鍋燒熱加入2大匙油，待油熱爆香紅蔥頭末，放入絞肉、蝦米及香菇炒香，再放入調味料A、蘿蔔乾拌勻盛出餡料（餘油及醬汁保留於鍋內）。加入瀝乾的糯米、調味料B拌炒5分鐘至勻。
❸ 錫箔紙杯內分別舀入1大匙餡料，放入1片滷蛋、糯米至八分滿，輕敲兩下使餡料與米密合，再倒入2大匙水，放入蒸籠以大火蒸30分鐘即可。

鋁箔紙杯
　裝盛米糕的容器，可以造型可愛的布丁杯代替，也可選擇用後即丟的錫箔紙杯，一包6個約30元。

替代
　一般筒仔米糕均使用糯米，因其黏性較佳，可與餡料緊密貼合，若腸胃不好的人可將糯米減少1杯，以蓬萊米、秈稻米、金墩米或黑米代替。

雞肉絲飯

♥**材料：**（4人份）
白飯4碗、雞胸肉1/2副(約150g.)、雞骨(架)1個

♥**調味料：**
A. 鹽1/2大匙
B. 醬汁：紅蔥頭末30g.、高湯1碗、淡色醬油2大匙、糖1小匙

♥**做法：**
❶ 取一深鍋倒入4碗水，放入雞骨以中火煮沸後取出，用冷水將附著於骨頭上的血膜沖洗乾淨。
❷ 深鍋內另放入3碗水，放入雞骨以小火熬煮1小時，再放入雞胸續煮10分鐘至熟，加入鹽即可關火，雞胸冷卻取出，撕成細絲鋪於白飯上。
❸ 製作醬汁：鍋燒熱後加入2大匙的沙拉油，油熱爆香紅蔥頭，加入高湯、淡色醬油及糖，以小火熬煮5分鐘即可澆淋於雞肉絲上。

嘉義的雞肉絲飯
　雞肉絲飯為台灣小吃之一，以嘉義的火雞肉飯最著名，但火雞不易購買，所以坊間很多老闆都以土雞或肉雞替代。

雞胸
　雞胸必需浸泡於高湯內待涼，肉質才不會乾澀且較入味，鹽需待雞胸煮熟才可添加，這樣可預防肉質變硬及保住雞肉的鮮味。

培根蛋炒飯

RICE

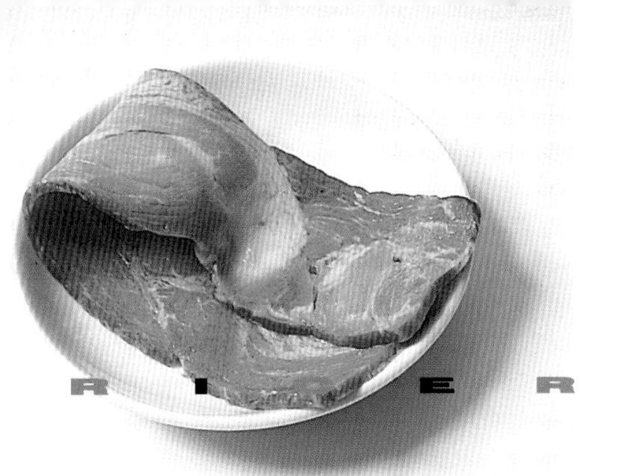

R I C E R I C E R I C E

材料：（1人份）
白飯1碗、培根30g.、雞蛋1個、高麗菜30g.、蔥花10g.

調味料：
鹽1/2小匙、胡椒粉少許

做法：
❶培根切丁，高麗菜洗淨切丁，雞蛋打散待用。
❷鍋燒熱加入1大匙沙拉油，待油熱倒入蛋汁炒熟，以鏟子切成小塊狀。
❸原油鍋內加入1大匙沙拉油，待油熱爆香蔥花，放入培根丁稍拌炒，再加入白飯、高麗菜丁及鹽翻炒至白飯鬆散，起鍋前撒下胡椒粉即可。

培根蛋炒飯

冷飯最適合炒飯

炒飯是很家常的料理，但要炒得每粒白飯鬆鬆散散可就不簡單了。炒飯需用冷飯，因冷卻後的白飯水份流失一些炒起來飯比較不會溼黏；隔夜飯最適合，但飯粒可能稍硬，炒前噴少許水於飯內再用手抓鬆就可以拌炒了。若要加入青菜拌炒，應選擇較有脆度的蔬菜（如高麗菜、四季豆、小黃瓜），菜葉類要先汆燙過，擠乾水份切細，待飯炒至鬆散後才加入，如此青菜較脆且翠綠。

陪我們長大的炒飯

利用清新可口的蛋香搭配培根、火腿或玉米等做出來的炒飯，是小朋友的最愛，我的兒子都快成年了，至今還吃不膩這道炒飯。

紅 椒 牛 肉 飯

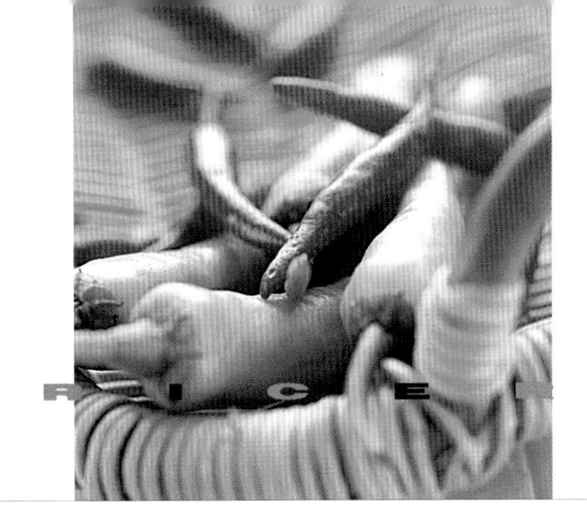

R I C E R I C E R I C E

紅椒牛肉飯

材料：（1人份）
白飯1碗、牛肉60g.、超辣紅辣椒6根、青蔥絲20g.

調味料：
A.淡色醬油1/2大匙、糖1小匙、太白粉1小匙
B.鹽1/2小匙

做法：
❶牛肉洗淨切絲，以調味料A醃漬15分鐘，入油鍋前再加入1大匙沙拉油拌勻。
❷鍋燒熱後加入1大匙沙拉油，待油熱放入牛肉絲快炒至八分熟盛出；鍋內餘油爆香青蔥絲、紅辣椒絲，再放入白飯、鹽及牛肉絲拌炒均勻即可。

辣椒
愛吃辛辣的朋友，這道炒飯絕對讓你辣到衝翻天，台灣常見的辣椒包括青辣椒、紅辣椒、乾辣椒和朝天椒，以朝天椒（約1~2公分的長度）的辣度最為明顯。也可至貨源較充足的傳統市場或南門市場購買翠綠色的翡翠辣椒，顏色漂亮、辣味十足且口感脆脆的。

勁爆椒麻飯

RICE

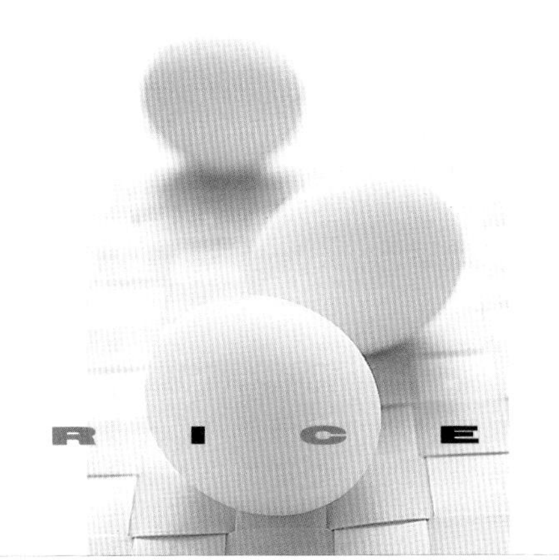

材料：（2人份）
白飯2碗、超辣紅辣椒4根、紅蔥頭末2大匙、雞蛋3個、蝦米20g.

調味料：
A.鹽1/2小匙
B.鹽1/2小匙、淡色醬油1小匙、辣椒粉2小匙、花椒粉1/3小匙

做法：
❶辣椒洗淨切斜段，蝦米泡軟切末待用。
❷鍋燒熱後加入2大匙沙拉油，待油熱炒香紅蔥頭，再放入辣椒、調味料A拌炒均勻，加入打散的蛋汁煎熟盛出（圖1）。
❸鍋內再倒入1/2大匙沙拉油，爆香蝦米，加入白飯、蛋、調味料B快速翻炒至白飯鬆散即可。

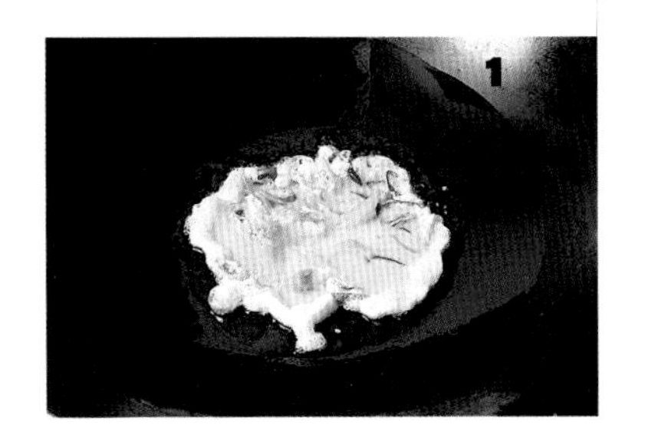

勁爆椒麻飯

夏天開胃，冬天保暖

近年來東南亞食物大量入台，許多年輕朋友們迷上了麻辣的食物，可依個人喜好選擇辣椒的辣度。但不嗜吃辣的朋友請勿輕易嘗試，否則胃腸會受不了的。這道椒麻飯適合夏天沒胃口時品嘗，冬天吃了更保暖。

宮保雞丁飯
RICE

R I C E R I C E R I C E

宮保雞丁飯

材料：（1人份）

白飯1碗、雞胸肉1/2副(約150g.)、蒜頭3粒、青蔥1根、嫩薑2片、乾辣椒6～8根、去皮熟花生20g.

調味料：

A.淡色醬油1小匙、太白粉1小匙

B.深色醬油1/2大匙、糖1小匙、烏醋1/2大匙、太白粉1小匙、水1大匙全部拌勻

做法：

❶雞胸肉洗淨切大丁，以調味料A拌勻。

❷乾辣椒洗淨切小段，蒜頭剝皮切小片，青蔥洗淨切小段待用。

❸鍋燒熱後加入2大匙沙拉油，待油熱放入雞丁快炒至八分熟盛出。利用鍋內餘油爆香青蔥、蒜片、薑片及乾辣椒，放入雞丁回鍋拌炒30秒鐘，再加入調味料B、花生快速拌勻，盛出澆淋於白飯上即可。

過油

雞丁肉質很嫩，預先入油鍋炒至八分熟稱為「過油」，可避免肉丁(塊)受熱過久而口感變乾硬。

注意

爆香乾辣椒時小心火候，不要炒焦黑了，以免醬汁變苦、辣椒不香又不辣了。

吉利飯

♥材料：（4～5人份）
白米2杯、雞腿1隻、栗子20粒

♥調味料：
鹽1小匙、淡色醬油1/2大匙、米酒1/2大匙

♥做法：
❶栗子浸泡沸水1小時，雞腿洗淨後切小塊，以鹽、淡色醬油、米酒醃漬30分鐘。
❷白米洗淨瀝乾，加入2杯水浸泡30分鐘待煮。
❸將雞腿塊、栗子放入白米內，以電鍋煮熟即可。

栗子

又稱板栗，盛產於台灣南部，以秋冬之季的栗子最香甜。

白米別浸泡太久

板栗、雞腿準備好後再洗米，否則白米浸泡太久，熟成後口感會太軟。

吃吉利飯討吉利

「吉」與「雞」音相似，「利」與「栗」音通，故取名為吉利，節慶時可做這道飯討個好吉利。

豉汁小排飯

材料：（4人份）
白飯4碗、排骨600g.、豆豉30g.、蒜頭6~7粒、青江菜6棵

調味料：
鹽1小匙、淡色醬油1/2大匙、糖1/2大匙、酒1/2大匙、太白粉1/2大匙

做法：
❶青江菜整棵洗淨，放入沸水內汆燙熟待用，豆豉沖淨後濾乾，蒜頭去皮切碎。
❷排骨洗淨剁小塊，放入所有調味料中醃漬20分鐘，再加入豆豉、蒜頭拌勻，放入蒸籠內以中小火蒸1小時。
❸白飯表面鋪上排骨、青菜，澆淋肉汁即可。

挑選排骨的訣竅

排骨可請老闆幫你剁小塊，買回來後務必將碎骨徹底清除。可選購帶些油脂、肉質較厚的小排才是上品，以「腩排」部份最佳。

排骨好吃的祕訣

排骨需放入蒸籠以中小火慢蒸才滑嫩入味，若以大火蒸易產生肉質太乾硬且柴柴；也可放入電鍋中蒸煮，但口感遜色許多。

滑蛋魚片飯
RICE
鮭魚燴飯
RICE

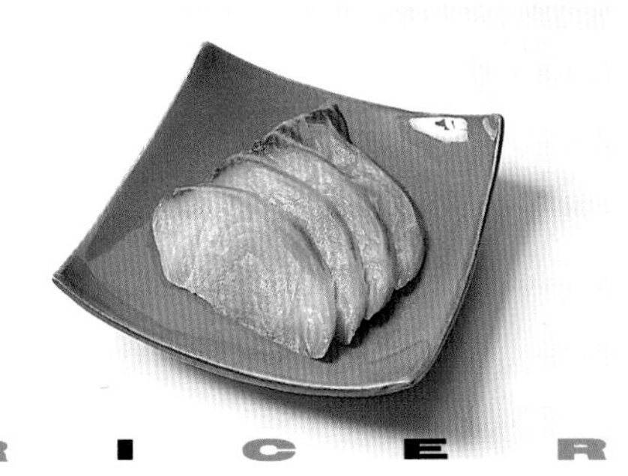

R I C E R I C E R I C E

滑蛋魚片飯

材料：（1人份）
白飯1碗、鯛魚片100g.、雞蛋1個、芥藍菜1棵、青蔥1根

調味料：
A.鹽1/2小匙、太白粉1小匙
B.鹽1/2小匙
C.太白粉1小匙、水2大匙拌勻
D.胡椒粉少許

做法：
❶鯛魚洗淨切片，以調味料A拌勻待用。
❷芥藍菜洗淨切段，放入沸水汆燙後撈起，青蔥洗淨切段，蛋打散待用。
❸鍋燒熱後加入2大匙沙拉油，待油熱爆香蔥段，放入魚片迅速翻炒3分鐘後盛出（鍋內留少許油），再放入蛋汁內拌勻。
❹原油鍋中倒入1/2碗水及調味料B煮沸，放入調味料C勾薄芡，再將魚及蛋汁回鍋煮至蛋凝結。撒下胡椒粉，放入芥藍菜快速翻炒均勻，澆淋至白飯上即可。

鯛魚
鯛魚無骨，烹煮不易碎，煎、煮、炒、炸都適用，且肉質鮮美滑嫩。

何謂「滑蛋」
指蛋汁需倒入帶有黏稠的湯汁內烹煮，吃起來才會細緻滑口。

鮭魚燴飯

材料：（2人份）
白飯2碗、鮭魚1片(約250g.)、青椒1個、青蔥1根、嫩薑4片、蒜頭4粒、豆豉10g.、高筋麵粉適量

調味料：
淡色醬油1小匙、鹽少許

做法：
❶鮭魚洗淨，抹上一層薄鹽放置15分鐘，用餐巾紙將魚擦乾，切成2~3公分方塊狀，分別沾上一層薄薄高筋麵粉（圖1）。

1

❷青椒洗淨切丁，青蔥洗淨切段，蒜頭去皮拍碎，豆豉沖淨濾乾。
❸鍋燒熱後加入2大匙沙拉油，待油熱後放入魚塊以中火煎熟取出。鍋內留約1大匙油（多餘的油盛出），爆香蔥、薑、蒜以及豆豉，隨即加入青椒丁、魚塊、淡色醬油，快速翻炒後盛出鋪於白飯上即可。

沾高筋麵粉的好處
沾上高筋麵粉可避免鮭魚直接受熱肉質變老、魚塊不沾鍋底；乾煎虱目魚、鯧魚或馬頭魚時，不妨沾一層高筋麵粉，這樣魚一定煎得很漂亮。高筋麵粉質地比中、低筋麵粉細緻鬆散，如此魚面上的粉層不致太厚。

鮭魚
鮭魚肉質鮮美且營養價值高，富含豐富的維他命D（皮的部位含大量的維他命B2）。鮭魚很容易熟，所以不要煎太久，煎老了口感就硬了。

沙丁魚燴飯
RICE
豆腐燴飯
RICE

RICERICERICE

沙丁魚燴飯

材料：（2人份）
白飯2碗、沙丁魚罐頭1/2罐、紅番茄（大）2個、洋蔥1/2個

調味料：
淡色醬油1/2大匙、鹽1/2小匙

做法：
❶洋蔥、紅番茄洗淨後切小塊。
❷鍋燒熱後放入1大匙沙拉油，待油熱爆香洋蔥，放入沙丁魚稍翻炒，再加入紅番茄、鹽、醬油及1/2碗水，蓋鍋蓋以中火燜煮3分鐘盛出，澆淋白飯上即可。

沙丁魚罐頭
沙丁魚罐頭品牌有國產與外國進口，各有獨特的風味，打開就可以配飯、配粥、饅頭或吐司。沙丁魚與新鮮蔬菜做成燴飯，酸溜溜的很開胃。

豆腐燴飯

材料：（3～4人份）
白飯3碗、盒裝嫩豆腐1盒、黑木耳1片、紅番茄1個、絞肉100g.、青豆仁60g.、青蔥1根

調味料：
A. 鹽1小匙、淡色醬油1/2大匙
B. 太白粉1/2大匙、水3大匙拌勻

做法：
❶青蔥洗淨切末，黑木耳、紅番茄洗淨切細丁，豆腐切小方丁。
❷鍋燒熱後加入2大匙沙拉油，待油熱爆香蔥末，放入絞肉、醬油拌炒，隨即加入豆腐、黑木耳、番茄、青豆仁，倒入2/3碗水以小火燜煮5分鐘，放入鹽、太白粉水勾芡即可。
❸取深盤盛入白飯，舀入絞肉豆腐料即可食用。

豆腐
豆腐滑嫩入口即化，很適合老人家及幼兒食用；對於不愛吃蔬菜的幼兒，不妨運用蔬菜中的五顏六色，加入菜餚裡烹調討喜的菜色，使幼兒不自覺將營養吃進去。

魚脯飯

R I C E R I C E R I C E

魚脯飯

材料：（4人份）
白米2杯、小魚乾35g.、蘿蔔乾30g.、青蔥1根、嫩薑4片、紫蘇梅6粒

調味料：
鹽1小匙

做法：
❶小魚乾沖淨瀝乾，青蔥洗淨切末。白米洗淨瀝乾，倒入2杯水浸泡30分鐘待煮。
❷鍋燒熱後加入2大匙沙拉油，待油熱爆香蔥、薑，放入小魚乾稍炸至硬取出。
❸將小魚乾、蘿蔔乾、紫蘇梅及鹽放入白米內，以電鍋煮熟即可。

小魚乾

又稱魚脯，種類甚多如：丁香魚乾，鰳仔魚乾，凡是經由烤焙或日曬方式製成的魚乾都適用。魚乾的鈣質極高，可多買一些放冰箱冷凍，不需解凍即可使用。

放入紫蘇梅的好處

魚脯飯中放入幾粒紫蘇梅，具去腥及開胃的效果。魚脯飯放涼也很好吃，是愛飯族郊遊或上班的最佳選擇。

頂極海味飯
RICE

R I C E R I C E R I C E

頂極海味飯

材料：（7～8人份）
白米2杯、鮑魚1粒、花菇(大)2朵、竹笙20g.、干貝4個、櫻花蝦10g.

調味料：
鹽1小匙

做法：
❶白米洗淨瀝乾，加入2杯水浸泡30分鐘待用。
❷鮑魚切片，花菇泡軟切塊，干貝用熱水浸軟，櫻花蝦沖淨，竹笙泡水去掉網鬚待用。
❸將所有食材鋪於白米上，撒入鹽以電鍋煮熟即可。

櫻花蝦
可至南門市場購買，煎、炒、烤、煮湯皆適合。
宴席佳餚
別以為鮑魚、干貝或花菇的料理只有在宴席中才品嘗得到，其實平時可與白米一起烹煮，徹底吃出它們的鮮美原味，拿來招待客人也相當有面子。

梅乾蒸肉飯

材料：（4～5人份）
白米2**杯**、**絞肉**300g.、**梅乾菜**150g.、**青蔥**1**根**

調味料：
淡色醬油1/2大匙、糖2小匙

做法：

❶青蔥洗淨切末，梅乾菜洗淨切碎待用。
❷絞肉倒入盆內，加入調味料、3大匙水、蔥末，用筷子順同一方向攪拌至絞肉呈黏稠，再放入梅乾菜拌勻。
❸白米洗淨瀝乾，加入1½杯水浸泡30分鐘，將絞肉鋪於白米上以電鍋煮熟即可。

梅乾菜

梅乾菜有醬油醃漬捲成球狀，或醬油、鹽醃製成一棵棵綑綁在一起的，也有客家人醃製的又稱為「福菜」，各有其特色，梅乾菜蒸肉、燒肉、扣肉或煮湯都很下飯。

香芋飯

材料：（5～6人份）
白米2杯、糯米1/2杯、蝦米30g.、芋頭1/2個、榨菜60g.、紅蔥頭5粒

調味料：
淡色醬油1大匙、胡椒粉1小匙

做法：

❶白米、糯米洗淨瀝乾，加入2杯水浸泡30分鐘。

❷蝦米洗淨泡軟，芋頭去皮切丁，榨菜沖淨切細丁，紅蔥頭剝皮切薄片。

❸鍋燒熱後加入2大匙沙拉油，待油熱爆香紅蔥頭，再炒香蝦米，放入榨菜丁、醬油及胡椒粉拌炒至勻，加入芋頭丁拌炒均勻，再盛入白米內用筷子攪動混勻，以電鍋煮熟即可。

莫大的享受

加入半杯的糯米，是為了增加飯裡的黏糯性，讓米粒更Q，若全部用白米或糯米煮也可以。台灣的芋頭品質很棒，每年初秋至初春是吃「香芋」最好的季節，享用當令的時菜，真是人生大樂事。

土豆麵筋飯
RICE
南瓜飯
RICE

土豆麵筋飯

材料：（2～3人份）
白米2杯、生花生仁80g.、油炸麵筋30g.

調味料：
鹽1小匙、深色醬油1/2大匙、糖1/2大匙

做法：
❶生花生仁洗淨瀝乾，加入水（需蓋過生花生仁面且高出2公分），以電鍋蒸熟後瀝除花生水。
❷油炸麵筋用溫水泡軟，擠掉水份，取一深鍋放入麵筋、生花生仁、全部調味料及1碗水，以中火燜煮20分鐘至花生軟爛。
❸白米洗淨，浸泡30分鐘後瀝乾水份，放入花生麵筋、1/2杯花生麵筋湯汁及1杯水，以電鍋煮熟即可。

生花生仁

生花生仁有兩種（油炒、煮滷），這裡需使用煮滷的生花生仁。使用前先以電鍋蒸煮至五分熟，再與白米烹煮至熟軟。

油炸麵筋

油炸麵筋可至超市或南北雜貨店購買，外表為淺黃色圓球，遇水後會變軟塌。若嫌烹煮過程麻煩，也可以購買罐頭直接拌白飯，花生麵筋配飯、配粥兩相宜。

南瓜飯

材料：（4～5人份）
白米2杯、南瓜200g.、蝦米20g.、冬菜10g.

做法：
❶將南瓜皮刷淨，對切後去除南瓜籽，再連皮切小塊待用。
❷蝦米浸泡軟切碎，冬菜沖洗後擠乾水份並切碎。
❸白米洗淨瀝乾，加入2杯水浸泡30分鐘，放入蝦米、冬菜稍拌一下，再加入南瓜塊，以電鍋煮熟即可。

注意

蝦米、冬菜已有鹹味，為了品嘗南瓜的甘甜清香，所以不需再加鹽調味。

全世界的最愛

南瓜性溫，可消炎止痛、改善慢性支氣管炎。歐美人擅長用它製作南瓜餅、南瓜派；日本人也喜歡添加於糕點中；且南瓜入飯、粥通通行，中國人常將地瓜與南瓜堪稱為「好兄弟」，兩者都是營養價值很高的蔬菜。

荷葉飯

RICE

I C E R I C E

材料：（4～5人份）

白米2杯、叉燒肉150g.、燒肉150g.、燒鴨腿1隻、香菇4朵、栗子6粒、生鹹鴨蛋2個、蝦米30g.、乾荷葉3片

做法：

❶白米洗淨，浸泡1小時後瀝乾水份備用。

❷香菇泡軟切丁，蝦米泡軟瀝乾水份，栗子浸泡沸水1小時後各剝成2~3瓣，生鹹鴨蛋去泥洗淨，取出蛋黃切小塊，乾荷葉浸水泡軟，洗淨瀝乾。

❸叉燒肉、燒肉及燒鴨腿切丁。

❹將白米倒入大碗內，放入香菇、栗子、蛋黃、蝦米、所有肉丁及燒臘汁拌勻，再放入荷葉內包緊（圖1），接口處用牙籤封住（圖2）。

❺放入蒸籠以大火蒸約30分鐘至熟。

荷葉飯

乾荷葉

若傳統小市場無法買到，可至南門市場購買，千萬不可以到植物園摘取，荷葉是國家級的觀賞植物。

端午肉粽

將白米換成糯米，再加一些綠豆仁、花生、干貝、高級海味等，即為端午節時五星級飯店所賣的「裹蒸粽」，它也是粽子之王（體型最大）。

廣東燒臘三寶

叉燒肉、燒肉及燒鴨腿是廣東燒臘三寶，可至廣東燒臘店購買，別忘了向老闆索取燒臘汁增添飯香。

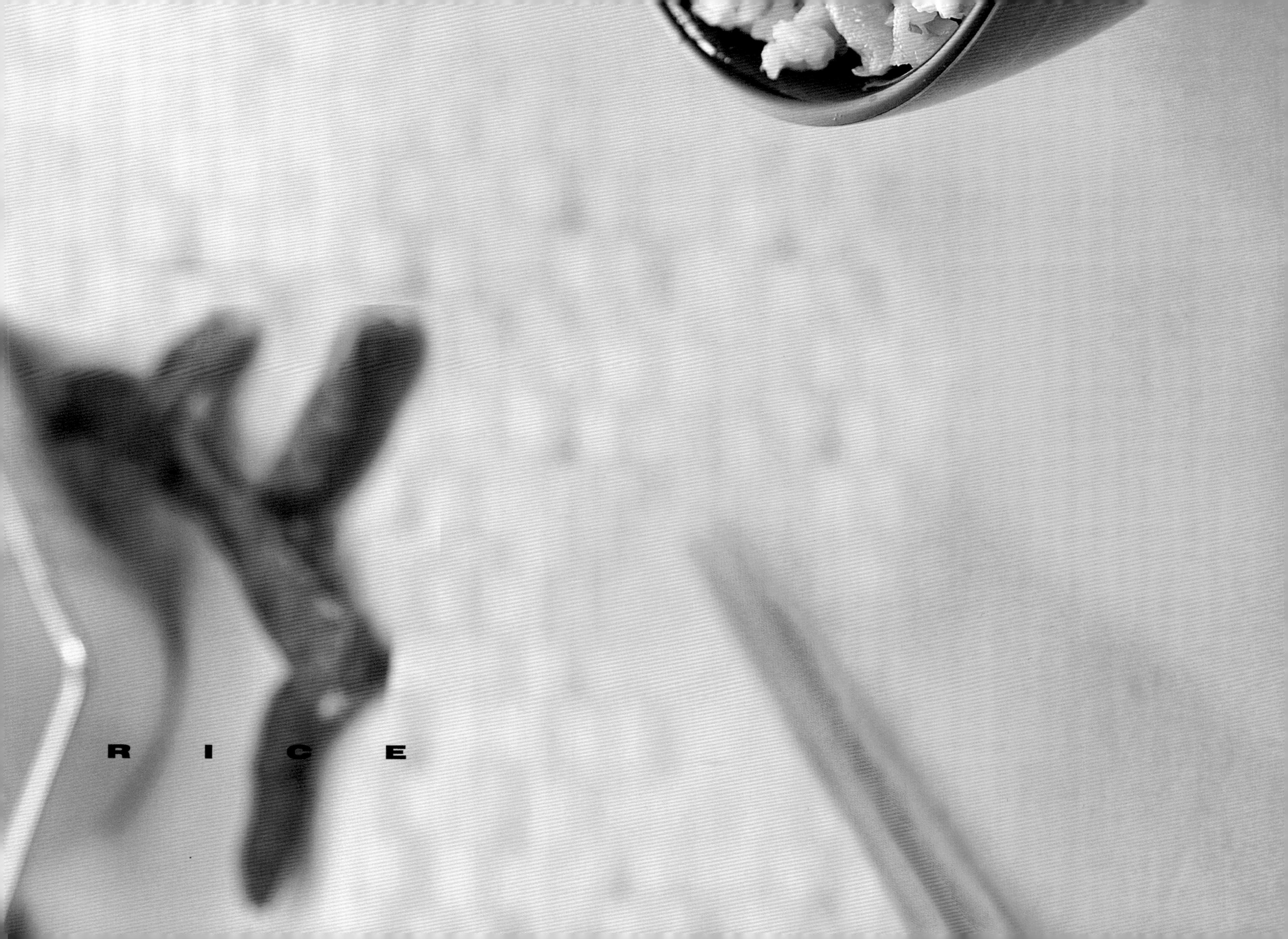
RICE

地方·異國風味飯

Local & Ethnic Style Rice

焢肉飯

RICE

滷肉飯

RICE

R I C E R I C E R I C E

焢肉飯

♥**材料：（6～8人份）**
白飯6~8碗、五花肉600g.、青蔥1根、嫩薑3片

♥**調味料：**
鹽1小匙、深色醬油3大匙、淡色醬油1大匙、冰糖4小匙、八角1粒、甘草1片

♥**做法：**
❶五花肉洗淨後汆燙，切成5~6公分方形、厚度1公分的厚片狀。
❷鍋內加入4碗水，放入青蔥、嫩薑、八角及甘草煮沸，加入鹽、醬油及五花肉，以小火燜煮60分鐘，再放入冰糖，轉中火燜煮15分鐘即可。

焢
利用小火長時間將食物煮熟的烹調方式，焢肉飯是台灣人最愛吃的飯類之一。五花肉應選擇肥瘦各佔一半，太瘦則肉的口感乾硬，太肥又會很油膩。

滷汁
滷汁中的淡醬油是調味，深醬油重著色，若沒有吃完，放入冰箱冷凍可保存數月，即俗稱「老滷」，待下次回鍋滷時味道更佳，喜歡吃蛋或豆乾的人，可在肉煮至50分鐘時加入一起滷。

滷肉飯

♥**材料：（20人份）**
白飯20碗、絞肉600g.、豬皮150g.、紅蔥頭5粒、香菇7~8朵

♥**調味料：**
五香粉1/2小匙、鹽1/2大匙、深色醬油1/2碗、水6碗、糖1大匙、八角2粒

♥**做法：**
❶豬皮洗淨，放入滾水汆燙後切小丁；香菇泡軟切絲，紅蔥頭剝皮切末。
❷鍋燒熱後加入2大匙沙拉油，待油熱爆香紅蔥頭，放入絞肉拌炒至肉變色出油，加入豬皮丁、香菇絲及五香粉翻炒均勻，再加入醬油、糖、水及八角，以小火熬煮2小時即可。

台灣土生土長的飯
滷肉飯、焢肉飯是台灣膾炙人口的小吃，它倆像似孿生兄弟，有滷肉就有焢肉，全省只要有賣飯的小吃店，一定少不了它們。滷肉所用的肉要多帶些油脂，因為長時間的熬煮可使油脂部份完全熬化而融於滷汁中；另外豬皮含有膠質，會使滷汁有些濃稠較能附著於米飯上，又帶有豬油的香氣，難怪男女老幼都喜歡吃。

麻油雞泡飯
RICE

R I C E R I C E R I C E

♥**材料：（4～5人份）**

白飯4碗、土雞腿2隻、黑麻油半碗、米酒1瓶、老薑300g.

♥**做法：**

❶老薑去皮切片，土雞腿洗淨剁塊備用。

❷鍋燒熱後轉小火，倒入黑麻油燒熱，隨即加入薑片，以小火慢炒薑片至乾（圖1），再放入雞塊用中火炒至雞變色，倒入半瓶米酒，以小火燜煮雞塊至熟軟，轉大火加入半瓶米酒煮沸即可熄火。

❸取一深碗盛入白飯，淋上麻油雞塊及湯趁熱食用。

麻油雞泡飯

坐月子的營養品

麻油雞可保暖活血，是冬天最佳的食補，坐月子期間更是需要。燜煮時應用小火烹調，雞塊才不會乾硬及苦澀。

米酒可酌量添加

每當冬令進補前夕，購買米酒成為全民運動，公賣局常供不應求；若酒力不勝者可以酌量加水。米酒分兩次加入，是為了保留酒的香氣。

香菇肉羹飯
RICE

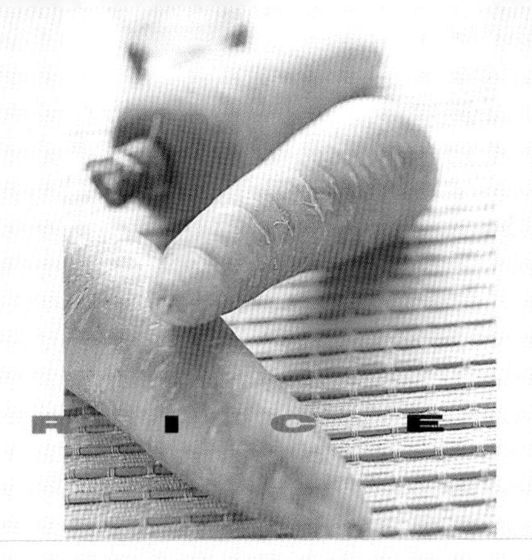

R I C E R I C E R I C E

香菇肉羹飯

♥**材料：（3人份）**

白飯3碗、肉羹300g.、白蘿蔔1/4根、紅蘿蔔1/4根、香菇3朵、蒜頭末20g.、乾柴魚片5g.、香菜適量

♥**調味料：**

A.鹽1小匙、淡色醬油1/2大匙
B.太白粉2小匙、水3大匙拌勻
C.麻油適量

♥**做法：**

❶紅、白蘿蔔洗淨切小丁，香菇泡軟切絲，香菜洗淨待用。
❷取一深鍋加入4碗水，放入蒜頭末、乾柴魚片，以中火熬煮15分鐘至蒜味柴魚味釋出，再放入所有蘿蔔繼續熬煮10分鐘，加入調味料A拌勻，以太白粉水勾芡，放入肉羹煮沸，滴入麻油即可。
❸白飯盛入深碗內，鋪上肉羹、澆淋羹湯，撒下香菜即可。

品嘗心得

香菇肉羹也是台灣著名的小吃，台北龍山寺附近有一家專賣肉羹的80年老店，前陣子去光顧，發現已經是第四代在經營了，仍沿用阿嬤時代就有的碗碟，吃起來特別親切。

青菜的變化

羹湯裡的蔬菜以當令的青菜最好，冬天選用蘿蔔、大白菜，夏天可選擇筍絲。

臘味炒飯
RICE

R I C E R I C E R I C E

原盅臘味飯

材料：（6人份）
白米3杯、臘腸3條、肝腸3條、臘肉1/2條

做法：

❶將臘腸、肝腸的臘味稍沖淨，每一條均切成兩段；臘肉沖淨切成6塊備用。

❷白米洗淨瀝乾，加入3杯水浸泡30分鐘；將白米及水平均裝入6個深碗內，鋪上臘味，放入蒸籠內，以中火蒸40分鐘至熟。

關於原盅臘味飯

盅為圓柱狀的器皿，所謂「原盅」指用一個盅一個盅煮出來的飯，並不是以大鍋煮好再盛入盅內。

也可以這麼做

若覺得做成一盅盅很麻煩，也可以將全部白米及水放入電鍋內，鋪上臘味煮熟即可。外頭的小飯館講究外型，所以都做成盅。

臘味炒飯

材料：（4～5人份）
白飯4碗、肝腸1條、臘腸1條、臘肉50g.、雞蛋4個、青蔥2根

調味料：
淡色醬油1/2大匙、胡椒粉1小匙

做法：

❶將肝腸、臘腸及臘肉的臘味稍沖淨，放入電鍋內蒸熟待涼後切丁，雞蛋打散，青蔥洗淨切末。

❷鍋燒熱後加入3大匙沙拉油，倒入蛋汁炒熟後盛出，原油鍋加入1大匙油，爆香蔥花，加入肝腸、臘腸、臘肉及淡色醬油快速拌炒，放入炒好的蛋及白飯炒勻，起鍋前撒下胡椒粉即可。

肝腸

肝腸是廣東臘味裡的絕品，豬肉內摻入一些鴨肝製成的。推薦你可至台北忠孝東路中心診所附近的一家廣東臘味館嚐嚐。

臘味湯汁很好用

這是一道非常容易完成且好吃的炒飯，買回來的廣東臘味若較乾硬，可以先蒸過再炒；且蒸過留下的油湯汁可以熬煮大白菜、白蘿蔔或下個麵條，味道一級棒。

紅糟肉飯

材料：（4～5人份）
白米2杯、五花肉300g.、紅糟60g.

做法：

❶五花肉洗淨，擦乾水份後切成八塊，以紅糟醃漬一天一夜（放入冰箱冷藏）。

❷白米洗淨瀝乾，加入2杯水浸泡30分鐘待煮，將紅糟肉放入白米中，以電鍋煮熟即可。

紅糟

市面上的紅糟為了保存久些，大多放入適量的鹽醃漬，所以使用前請先嘗其鹹度，以免再添入過多的調味鹽。紅糟可至南門市場雜貨店購買，有幾家老闆本身是福州人，自製自銷的紅糟口味更道地。

福州人的最愛

紅糟是福州人的最愛，福州老一輩的人每逢年節前會自製紅糟酒，待酒喝完後剩下的酒渣即為紅糟，丟棄可惜，於是利用它來料理菜餚，如：紅糟鰻魚、紅糟肉、紅糟雞等都是名菜。

好事發財飯

材料：（6～7人份）
白米3杯、蚵干(小)30粒、髮菜10g.、腐皮50g.、紅棗6粒

調味料：
鹽1/2小匙

做法：

❶ 蚵干浸泡沸水60分鐘後瀝乾（沸水內滴入數滴酒可去腥）。
❷ 髮菜洗淨，浸泡水中待用；腐皮浸泡溫水中待軟化，取出切碎。
❸ 白米洗淨瀝乾，加入3杯水浸泡30分鐘，再加入蚵干、髮菜、腐皮及紅棗，以電鍋煮熟即可。

好事發財飯的由來

老廣稱蚵為「蠔」、醬油為「豉油」，蚵干製程中加入少許醬油（豉油），所以「蠔豉」又稱「蠔干」。蠔的廣東發音與國語「好」音相似，「豉」廣東音事情的「事」，故「蠔豉」為「好事」；而髮菜諧音為發財，好事發財飯在年節時吃既吉祥又大利。

鹹魚雞粒炒飯

RICE

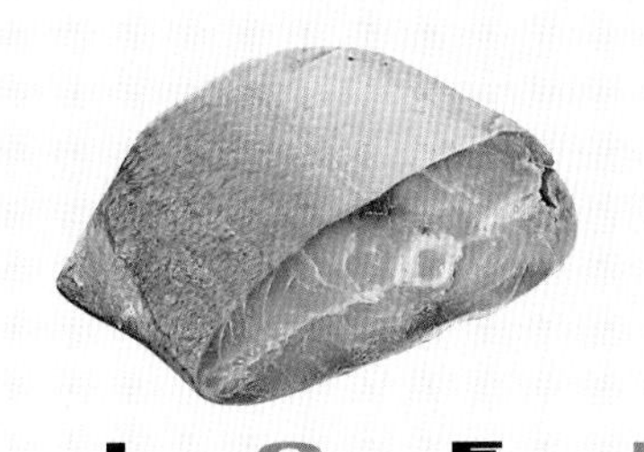

R I C E R I C E R I C E

鹹魚 雞粒炒飯

材料：（4人份）
白飯4碗、雞胸肉1/2副(約150g.)、鹹魚60g.、雞蛋2個、青蔥2根

調味料：
淡色醬油1/2大匙、太白粉1小匙、胡椒粉1小匙

做法：

❶青蔥洗淨切末；鹹魚稍沖洗，去皮去骨後切碎；雞胸肉切丁後以淡色醬油、太白粉拌勻，醃漬10分鐘備用。

❷雞蛋打散，煎熟後切小塊；雞丁放入鍋內快炒3分鐘取出。

❸鍋燒熱後加入2大匙沙拉油，待油熱爆香蔥末，加入鹹魚炒香，放入白飯拌炒均勻，隨即放入雞丁、蛋塊、胡椒粉翻炒1分鐘盛出。

人間極品

廣東人、江浙人喜歡以鹹魚入菜，近十年高級的廣東海鮮館所用的鹹魚均購自香港，價格不便宜；另外江浙館內有道「鹹鰻魚乾燒肉」也是人間極品，你可以嘗嘗。

鹹魚美味又開胃

南門市場有多種魚類的鹹魚供選擇，個人獨鍾香港大埔村特產的「霉香」鹹魚，它的味道非常重，烹煮時可以燻遍整個屋子，聞起來腥臭但吃起來真是美味，類似台灣的臭豆腐般。鹹魚顧名思義一定很鹹，所以調味時，鹽份要小心控制。

鹹魚肉質太硬時，怎麼辦？

大部份魚類均不去魚鱗，直接以重鹽醃漬風乾製成鹹魚；但因魚本身的肉質軟硬有差，或醃漬過程不同，所以成品會產生有的肉質軟綿似豆腐、有的較硬，若太硬可先以少許酒浸泡軟再切。

「丁」與「粒」

此道的雞肉必須切丁，廣東人稱「丁」為「粒」。

上海菜飯
RICE
江浙家鄉菜飯

上海菜飯

材料：（5～6人份）
白米3杯、青江菜300g.

調味料：
鹽1/2大匙

做法：
❶白米洗淨，浸泡1小時後瀝乾水份待用；青江菜整棵洗淨，瀝乾切碎。
❷鍋燒熱後加入3大匙沙拉油，待油熱放入白米，以小火慢炒15分鐘，放入青江菜、鹽和1⅓杯水繼續拌炒2分鐘熄火，再盛入電鍋內煮熟即可。

在鍋內翻炒才夠香

菜飯是上海人的最愛，直接放入電鍋煮的香氣較遜；應在鍋內邊炒邊加水才道地，類似台式炒油飯般需要真功夫的。江浙人喜歡吃青江菜、雪裡紅、冬筍，所以小館內所賣的菜飯大多以青江菜、雪裡紅為配料。

江浙家鄉菜飯

材料：（6～7人份）
白米3杯、火腿100g.、雪裡紅60g.、毛豆30g.、豆干3個、冬筍1支

調味料：
鹽1/2大匙

做法：
❶白米洗淨，浸泡1小時瀝乾，火腿稍沖洗後放入小碗內蒸熟切條。
❷雪裡紅洗淨後擠乾水份切碎，毛豆洗淨，豆干切絲，冬筍剝殼後切絲。
❸鍋燒熱後加入3大匙沙拉油，待油熱放入火腿、豆干、冬筍絲及毛豆炒香，再放入白米以小火慢炒10分鐘，均勻倒入1/2碗水，蓋鍋蓋以小火燜煮7~8分鐘。
❹打開鍋蓋繼續翻炒5分鐘（避免結鍋巴），再倒入1/2碗水、雪裡紅及鹽拌勻，蓋鍋蓋燜煮5~6分鐘，試吃米粒至熟軟即可（若米粒還不夠軟，可繼續加水燜煮）。

家鄉菜飯

所謂菜飯即有飯又有菜，這道菜飯需要很大的耐心以反覆翻炒燜煮手法烹調，所有的配料全是江浙人最喜愛的。我認識一位海寧伯伯，每逢訪客到來，均招待這道家鄉菜飯。

韓式烤肉飯
RICE

R I C E R I C E R I C E

韓式烤肉飯

材料：（2人份）
白飯2碗、火鍋牛肉片200g.、蒜末1大匙、洋蔥絲1/4個、白芝麻10g.

調味料：
A.沙拉油2大匙
B.鹽1/2小匙、糖1/2大匙、深色醬油1/2大匙、太白粉1小匙

做法：
❶將牛肉片放入深碗內，加入調味料A醃拌30分鐘，再加入調味料B拌勻醃漬10分鐘。
❷鍋燒熱後加入3大匙沙拉油，待油熱爆香蒜末，放入洋蔥絲、牛肉片快速拌炒至牛肉變色，撒下白芝麻拌勻盛出即可。

烹調韓式燒肉飯的器皿

傳統的韓式烤肉是用一個銅製的圓弧型器皿來燒烤肉片，將肉貼放在器皿頂端煎烤熟成。一般吃火鍋所用的鍋具是凹型的深鍋，而它是凸上來的特殊器皿。

綜合壽司
RICE
1
2
3

R I C E R I C E

4

5

6

綜合壽司

材料：（3～4人份）

白飯3碗

A. 海苔壽司：

海苔片2片、雞蛋3個、洋火腿2條、小黃瓜1條、醃花瓜條2條、肉鬆20g.、熟白芝麻5g.

B.稻禾壽司：

豆腐皮2個、味霖1/2大匙、糖1小匙、熟黑芝麻少許

C草蝦握壽司

草蝦2隻、芥末適量

做法：

❶**海苔壽司**：洋火腿、小黃瓜、花瓜條切成細長條待用。雞蛋打散，放入平底鍋煎成厚片，盛出待涼切條。

❷海苔放置於竹簾上，鋪上白米飯，用手指逐一按壓米飯使厚度均一，中間放置洋火腿、小黃瓜、花瓜及蛋皮，撒下肉鬆、白芝麻（圖1），雙手抓起竹簾及海苔往前捲至收口時（圖2），雙手稍為施力緊握壽司條使其定型，再切適當大小（圖3）。

❸**稻禾壽司**：豆腐皮切半，碗內放入1/2碗飯，加入味霖、糖拌勻，塞入豆腐皮內（圖4），撒下數粒黑芝麻即可。

❹**草蝦握壽司**：草蝦洗淨，去鬚角燙八分熟取出待涼，撥殼後由腹部切開。手取適量白飯捏成橢圓形（圖5），抹上芥末，鋪上草蝦按壓即可（圖6）。

防止飯粒黏手的方法

製作任何壽司前，雙手可先沾少許冷開水，才不會沾黏飯粒，或戴上塑膠手套。

清淡爽口的主食

壽司清淡爽口，又有飽感是很好的主食，米飯要冷卻才能使用，豆腐皮可至南門市場購買，味霖是日本料理常用的調味料，微甜、微酸，大型超市可購得。

海南雞飯

材料：（4人份）
白米2杯、雞腿2隻、紅蔥頭末2大匙、蒜頭末2大匙

調味料：
A. 鹽1/2大匙、胡椒粉1小匙
B. 淡色醬油2大匙

做法：
❶鍋燒熱後加入2大匙沙拉油，待油熱爆香紅蔥頭末、蒜頭末，加入3碗水，水沸騰轉中火，放入調味料A及雞腿煮20分鐘，取出待涼透切塊備用。
❷白米洗淨瀝乾，加入2杯煮雞腿的湯汁（將紅蔥頭末、蒜頭末濾除）（圖1），浸泡30分鐘，以電鍋煮熟。
❸取一小碗，倒入淡色醬油、1/2碗雞腿湯汁拌勻，澆淋於雞塊上或邊吃邊沾食。

新加坡的道地小吃

海南雞飯在新加坡非常盛行，只要在大排檔處（即專賣小吃的地方）就可吃得到，每家的味道都很可口。多年前，前副總統連戰先生訪問新加坡歸國後談及海南雞飯，於是海南雞飯就迅速流行起來。

1

緬式拌飯

材料：（2～3人份）
白飯1碗、冬粉1把、蝦米30g.、洋蔥絲1/4個、高麗菜絲100g.、小黃瓜絲1條、蒜頭末20g.、紅蔥頭片20g.、紅辣椒末3根、香菜10g.

調味料：
A.甜辣醬1/2大匙
B.蝦油1大匙、檸檬汁2大匙、辣椒粉1大匙

做法：
❶粉絲浸泡熱水20分鐘，取出切成7~8公分長，瀝乾水份待用。
❷蝦米浸泡軟切碎，鍋中倒入3大匙沙拉油燒熱，放入紅蔥頭片炸至酥脆盛出，再放入蒜頭末炸至金黃（連同餘油取出待用）。
❸白飯與甜辣醬拌勻，取一深鍋倒入粉絲、蝦米末、調味料B、蒜油以及洋蔥、高麗菜絲及小黃瓜絲拌勻，加入飯、紅蔥頭片、紅辣椒末及香菜拌勻即可。

蝦油

緬甸人喜愛酸、鹹以及超辣口味，所以在調味上選用帶鹹味的蝦油（由幼蝦熬製）拌飯。冬粉也可以麵替代，會有不一樣的口感。

馬 來 椰 漿 飯

R I C E

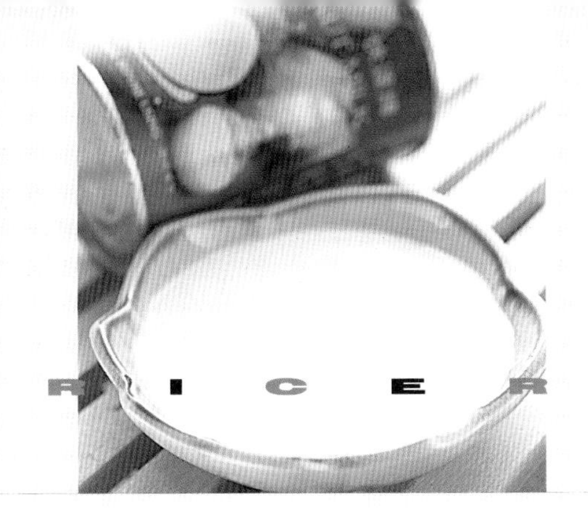

R I C E R I C E R I C E

馬來椰漿飯

材料：（4人份）
白米2杯、雞腿4隻、紅蔥頭5粒、蒜頭末1大匙、市售蝦片20片、小黃瓜2條

調味料：
A.鹽1/2小匙、魚露2大匙、糖1小匙、咖哩粉2大匙
B.椰漿罐頭1/2杯、水$1\frac{1}{2}$杯

做法：
❶雞腿以調味料A醃漬30分鐘，紅蔥頭去皮切碎，小黃瓜洗淨切片備用。
❷白米洗淨瀝乾，加入調味料B浸泡30分鐘，以電鍋煮熟。
❸鍋燒熱後加入3大匙沙拉油，待油熱爆香紅蔥頭末、蒜頭末，放入雞腿翻炒2分鐘，加入1/2碗水，轉小火慢慢燜燒至肉熟且醬汁呈濃稠狀即可鋪於飯上，可搭配蝦片及小黃瓜食用。

椰子
東南亞國家盛產椰子，經常以現壓的椰漿入菜，新鮮的椰汁香濃無比。若買不到新鮮的椰子，可以椰漿罐頭或椰奶粉代替，味道較遜色且椰香味較淡，但國人對太濃郁的椰漿反而較不易接受。椰漿罐頭內含少許油脂與甜味，所以煮出來的飯鬆散不黏且清香爽口。

市售蝦片
可至大型超市、東南亞食品材料行購買蝦片，1罐約50元。

泰式酸辣飯
RICE

R I C E R I C E

泰式酸辣飯

材料：（2～3人份）

白飯2碗、丁香魚乾50g.、洋蔥1/2個、紅番茄（中）1個、紅辣椒3根、香菜10g.

調味料：

魚露2大匙、檸檬汁2大匙

做法：

❶丁香魚乾沖淨瀝乾，放入油鍋內炸至酥脆待用。

❷洋蔥洗淨剝皮切絲，番茄洗淨切小塊，紅辣椒洗淨切碎，香菜洗淨待用。

❸將白飯、丁香魚乾、洋蔥絲、紅番茄、紅辣椒末及調味料放入調理盆中拌勻，盛入盤內，撒下香菜即可。

魚露

魚露是用小魚加鹽熬製成略帶甜味的醬汁，東南亞國家經常使用於烹調上，其使用機率有如中國人的醬油，超市均有售。

酸辣又下飯

這道酸辣飯是過去家裡請的泰國籍看護教我做的泰式家鄉飯，泰國當地人偏好海鮮類及油炸至脆硬的食材。看護家鄉生活清苦只能吃到小魚乾，恰巧小魚乾較易炸至酥脆硬及拌入辛辣的調味料及蔬菜，不用其他的配菜就非常開胃了。

替代

丁香魚乾可以其他的海鮮類替代，如：花枝、蝦及蛤蜊等。

印度黃薑飯

RICE

R I C E R I C E R I C E

♥**材料：（6～7人份）**

A.**白米3杯、黃薑粉1/2大匙、高湯3杯**

B.**紅蔥頭4粒、吐司麵包3片、杏仁片30g.**

C.**紅蔥頭末1大匙、蒜頭末1大匙、雞胸肉1副(約300g.切絲)、咖哩粉1 1/2大匙、鹽1/2大匙**

♥**做法：**

❶白米洗淨瀝乾，加入黃薑粉拌勻，倒入高湯浸泡30分鐘，以電鍋煮熟。

❷處理材料B：紅蔥頭去皮切片，吐司麵包切小方丁，分別將紅蔥頭片、吐司丁及杏仁片油炸至酥脆待用。

❸鍋燒熱後加入3大匙沙拉油，待油熱爆香紅蔥頭末、蒜頭末，放入雞肉絲、咖哩粉及鹽拌炒至雞肉絲熟盛出。

❹用筷子將黃薑飯挑散，鋪上一層雞肉絲待稍涼（圖1），撒上酥脆紅蔥頭片、吐司丁及杏仁片即可食用。

1

印度黃薑飯

黃薑粉

屬於薑類，多種植於熱帶地區，具去寒暖胃、緩和肚子疼痛的功效，可至大型超市或南洋香料專賣店購買。

難忘的酥脆滋味

這道黃薑飯是我在一個party上吃到的，主人是印度華僑，因味道爽口酥脆便詢問主人其祕訣，原來鋪在飯表面的紅蔥頭片、吐司丁及杏仁片，一定要等雞肉絲涼了才能撒上，保持它們的酥脆度，否則風味就失色了。這道飯原本還放了許多印度人最喜愛的香料如：玉桂、丁香、荳蔻，但考慮到國人口味不習慣故省略。

夏威夷炒飯

RICE

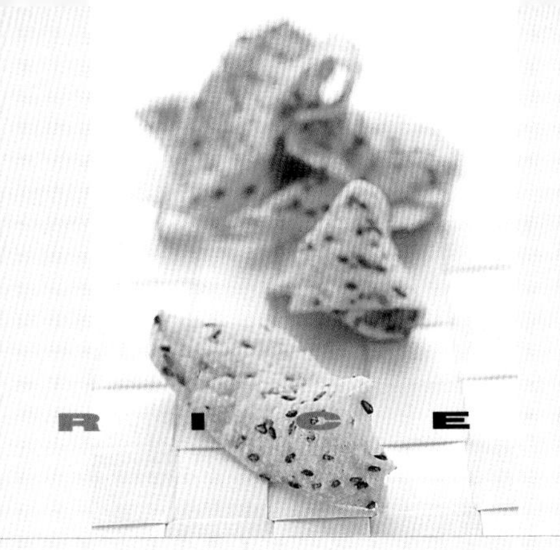

R I C E R I C E

夏威夷炒飯

♥材料：（2～3人份）
白飯2碗、培根60g.、雞蛋2個、青豆仁30g.、玉米粒30g.、紅蘿蔔丁30g.、鳳梨罐頭60g.、脆麵片50g.

♥調味料：
鹽1小匙、黑胡椒粉1小匙

♥做法：
❶培根切丁，雞蛋打散，鳳梨切丁待用。
❷鍋燒熱後加入3大匙沙拉油，待油熱放入蛋汁炒熟，盛出待用。
❸原油鍋加入2大匙沙拉油燒熱，炒香培根，放入青豆仁、玉米粒、紅蘿蔔丁及鳳梨丁拌炒1分鐘，再放入白飯、蛋、鹽及黑胡椒粉翻炒均勻，盛入盤內，撒上脆麵片即可。

冷凍蔬菜方便買
超市有販售冷凍蔬菜（青豆仁、玉米粒、紅蘿蔔丁三合一），使用前不需解凍即可烹調，平時買一包庫存於冷凍室隨時取用。

替代
將水餃皮、餛飩皮油炸至脆硬就是脆麵片，也可以巧果替代。

夏威夷炒飯的特色
坊間所賣的夏威夷炒飯，於飯表面鋪一層肉鬆或魚鬆，是改良過的。正統夏威夷炒飯應撒些酥脆的東西，外國人喜歡酥脆的食材，不為什麼只是增加嚼感。

西班牙海鮮飯

R I C E R I C E

西班牙海鮮飯

材料：（5～7人份）

白米3杯、雞胸肉1/2副（約150g.）、西式香腸2條、蝦子200g.、海瓜子200g.、洋蔥1/2個、西洋芹200g.、紅甜椒1個、黃甜椒1個、蒜頭6粒、海鮮高湯2杯

調味料：

番茄醬1大匙、鹽1/2大匙、胡椒粉1小匙、匈牙利紅椒粉1大匙

做法：

❶白米洗淨，浸泡30分鐘後瀝乾水份待用。

❷雞胸肉、香腸切丁，蝦子洗淨去腸泥，海瓜子洗淨。洋蔥、西洋芹、甜椒洗淨後切丁，蒜頭去皮切丁。

❸鍋燒熱後加入2大匙橄欖油，待油熱炒香洋蔥、蒜頭，放入雞丁、香腸丁、西洋芹、番茄醬拌炒3分鐘，再放入白米、鹽、胡椒粉、紅椒粉及1杯高湯，以小火不停翻炒至白米五分熟。

❹將翻炒好的餡料盛入鍋內，再放入剩餘的高湯、蝦子、海瓜子及甜椒，以電鍋煮熟即可。

西式香腸

可選購香味濃郁的美式、義式或德式香腸。

海鮮高湯

海鮮高湯可用乾蝦米、小魚或蝦殼、魚骨熬煮取得，平時可多煮些再依每次需用量裝入塑膠袋內冷凍，約可保存兩星期，鮮味不減。時下有很多高湯成品，如：高湯罐頭、大骨粉、濃縮高湯塊，確實便利，但挑剔重質感的老饕還是會選擇自己「熬湯」。

歐美人喜愛黏糊糊的飯

歐美人雖以麵包為主食，但對米飯的喜愛程度也不差，只是不太喜歡用白飯配菜或配湯吃，習慣將所有的配料與白飯翻炒，或與白米一起煮熟，讓米粒軟軟黏糊很對味，不同於東方人講求香「Q」的白米飯。

匈牙利牛肉飯
RICE

R I C E R I C E R I C E

匈牙利牛肉飯

材料：（4～5人份）

白飯4碗、牛肋條600g.、馬鈴薯2個、紅蘿蔔(小)1個、青豆仁50g.、洋蔥1/2個

調味料：

A.番茄醬2大匙、黑胡椒粉1小匙、紅椒粉1/2大匙、鹽1/2大匙

B.玉米粉1/2大匙、水2大匙拌勻

做法：

❶牛肋條汆燙，取出切長約4公分條狀。

❷馬鈴薯、紅蘿蔔、洋蔥洗淨切小塊，青豆仁汆燙後浸泡冷水中待用。

❸鍋燒熱後放入2大匙奶油融化，加入洋蔥以小火炒至洋蔥略呈焦狀，再放入牛肋條、番茄醬、黑胡椒粉及紅椒粉拌炒均勻，倒入3碗水以中小火燜煮60分鐘。

❹放入馬鈴薯、紅蘿蔔繼續燜煮20分鐘至所有材料軟爛，加入鹽、青豆仁稍翻炒，起鍋前以玉米粉水勾芡即可。

匈牙利牛肉飯的特色

匈牙利牛肉飯的烹調重點，必須將所有材料煮至軟爛且糊糊、添加不辣但會讓食材紅紅的紅椒粉、使用玉米粉勾芡（較濃稠）而不使用中式太白粉勾芡。

汆燙

將食材放入沸水中，以大火在極短的時間燙約5~10秒鐘即可撈出。

義大利鮪魚焗飯

RICE

R I C E R I C E R I C E

義大利鮪魚焗飯

材料：（2人份）
白飯2碗、鮪魚罐頭1/2罐、洋菇4朵、青椒1/2個、小紅番茄4個、洋蔥1/4個

調味料：
A.奶油麵糊：
奶油3大匙、中筋麵粉3大匙、奶水3大匙、鮮奶1碗、鹽1小匙
B.鹽1小匙、黑胡椒粉1小匙
C.起司粉4大匙

做法：
❶洋菇、青椒、小紅番茄及洋蔥洗淨後切丁待用。
❷製作奶油麵糊：鍋燒熱後放入奶油，以小火煮至融化，加入麵粉拌炒至起泡泡（圖1），倒入奶水、鮮奶及鹽繼續煮至呈濃稠狀即關火（邊煮邊攪拌以免沾黏鍋底）。
❸取另一個鍋燒熱，加入1大匙橄欖油，待油熱炒香洋蔥，放入鮪魚、洋菇、青椒、小紅番茄以及調味料B拌炒均勻待用。
❹取一耐熱深盤（底部及周圍抹上一層薄奶油），舀入白飯，鋪上鮪魚洋菇餡，淋上奶油麵糊，撒下起司粉，放入烤箱以180°C烘烤8~10分鐘，至起司粉融化且表面略呈金黃色即可。

義大利菜的特色

製作義大利菜少不了起司與橄欖油，尤其起司的種類及外型不下百種，粉狀、塊狀、條狀、硬的、軟的可供選擇。國人由當初排斥起司味至今愛上它且充分運用於料理上，也促使義大利餐廳一家接著一家出現。義大利菜味道濃郁香醇、配料顏色豐富，更能刺激你的食欲。

RICE

營養健康飯

Nutritious Rice

魩魚牛蒡飯
RICE

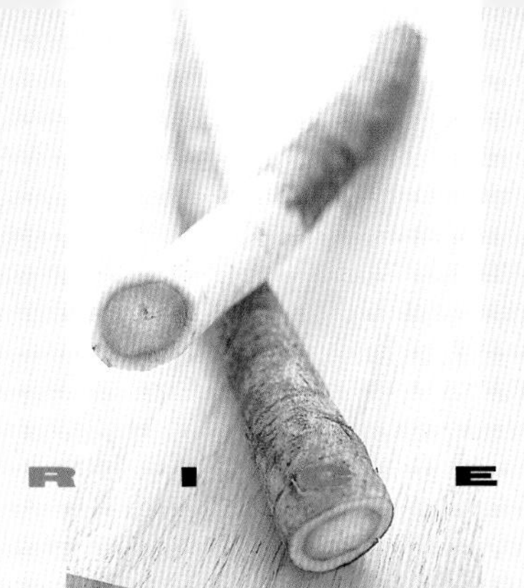

材料：（2～3人份）
白米2杯、**牛蒡**200g.、**魩仔魚**30g.、**味噌醬**20g.

做法：
❶牛蒡洗淨削皮，浸泡於放入少許鹽的水中（以防氧化變黑），待與米同煮時再切絲。
❷魩仔魚沖洗瀝乾水份。
❸白米洗淨瀝乾，加入2杯水浸泡30分鐘，加入魩仔魚、味噌醬、牛蒡絲，以電鍋煮熟即可。

魩魚牛蒡飯

牛蒡
牛蒡含有很多的膳食纖維，涼拌、紅燒、燉湯均適合，是近年熱門的保健食品。

魩仔魚
魩仔魚含大量的鈣質，成長中的兒童、老年人應多吃，可加強骨骼的發展及防止骨質鬆散。

乳香八寶飯
RICE

RICERICERICE

材料：（5～6人份）
白米2杯、椰果罐頭50g.、荸薺50g.、新鮮百合50g.、蓮子30g.、薏仁30g.、白果30g.、芡實30g.、白木耳10g.

調味料：
鮮奶1/2杯、奶水1/2杯、煉乳1/2杯、水1杯拌勻

做法：
❶蓮子、薏仁、白果、芡實、白木耳浸泡溫水1小時待用。
❷荸薺去皮切片，百合沖淨，剝成一瓣一瓣。
❸白米洗淨，浸泡30分鐘瀝乾水份，倒入拌勻的調味料，放入白米外的其他材料拌勻，以電鍋煮熟即可。

乳香八寶飯

吃營養，身體好

荸薺（又稱馬蹄）微甜帶脆的口感，具去肝火、利尿的功效；百合可溫肺止咳、養肺安神；蓮子能促進腸胃蠕動；薏仁具美白、去濕氣的效能；白果能滋陰補陽；白木耳可潤肺化痰。

五色

平時飲食應均衡攝取，食材中的五色指白(補肺)、紅(補心)、黑(補腎)、綠(補肝)及黃(補脾)。白色如白蘿蔔、白色中藥材，紅色如紅豆、番茄，黑色如黑木耳、香菇，綠色如綠豆、青椒，黃色如鳳梨、黃豆、南瓜等均是營養價值很高的食材。

茶香燴飯

RICE

抹茶飯

RICE

茶香燴飯

♥**材料：（2人份）**
白飯2碗、瘦肉80g.、綠花椰菜60g.、白花椰菜60g.、紅蘿蔔1/4條、洋菇4朵、紅茶葉6g.

♥**調味料：**
A.鹽1/2小匙、淡色醬油1小匙、太白粉1小匙
B.鹽1小匙
C.太白粉1小匙、水2大匙拌勻

♥**做法：**
❶以400c.c.沸水沖泡紅茶葉，浸泡30秒鐘後將茶汁濾除；沖入400c.c.沸水，浸泡5分鐘後將茶汁倒出待用。
❷瘦肉以調味料A醃漬10分鐘，綠、白花椰菜洗淨後切成小朵狀，紅蘿蔔去皮切小塊，洋菇對切（若較大可切成4片）。
❸鍋燒熱加入2大匙沙拉油，待油熱放入瘦肉迅速翻炒至變色盛出。利用鍋內餘油拌炒所有的蔬菜，隨即倒入茶汁，蓋鍋蓋以中火燜煮至青菜熟，加入調味料B、肉片翻炒，勾薄芡後盛出澆淋於白飯上即可。

紅茶與綠茶的功效

紅茶葉採收後經過發酵製成，屬於全發酵茶，可以暖胃健脾、幫助消化、利尿；冬天多喝紅茶可保暖。綠茶葉採收後立刻乾燥處理，屬於未發酵茶，夏天喝綠茶，可以消暑解渴，且近幾年醫學證明綠茶具有防癌的功能，所以適合經常飲用。

抹茶飯

♥**材料：（4人份）**
白飯4碗、枸杞1大匙、抹茶粉1/2大匙

♥**調味料：**
鹽1小匙

♥**做法：**
❶枸杞浸泡溫水至軟，擠乾水份備用。
❷鍋燒熱後加入2大匙沙拉油，待油熱倒入白飯、枸杞及鹽炒勻；起鍋前倒入抹茶粉快速拌勻即可。

多吃抹茶，常保健康

茶葉可以降低血壓、血糖值、抑制癌、養顏美容、抗老化。市面上的抹茶粉大部分是採用日本的綠茶製成，色澤漂亮不宜高溫加熱，所以烹調抹茶飯時，必須先將飯炒勻後再拌入抹茶，如此顏色可保持翠綠。坊間餐廳用茶油代替沙拉油來炒抹茶飯，味道會更濃郁，你也可以試試看。

以茶入菜須知

將清新甘甜的茶汁入飯、菜，不但開胃又健康；另外應盡量選擇不會奪走茶葉香氣的食材一同拌炒，以免失去品嘗茶香的意義了。

山藥枸杞飯
RICE
紅黑棗飯
RICE

山藥枸杞飯

材料：（4～5人份）
白米2杯、山藥200g.、枸杞20g.

調味料：
鹽1小匙

做法：
❶ 山藥去皮切塊，枸杞沖淨待用。
❷ 白米洗淨瀝乾，加入2杯水浸泡30分鐘，再放入山藥、枸杞及鹽，以電鍋煮熟即可。

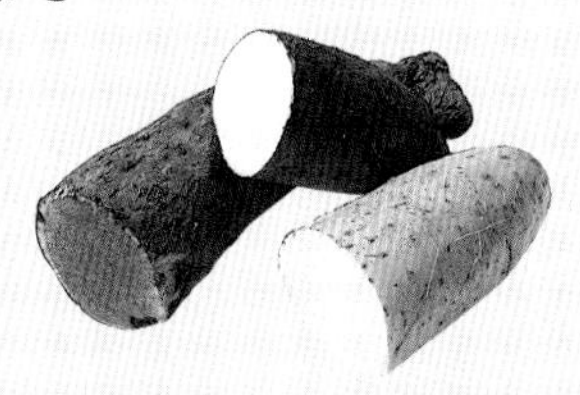

山藥

山藥肉質有白色及紫色兩種，屬於低熱量食材，含豐富的蛋白質、維生素及礦物質，具健脾益肺、美白的功效，生食、打汁、涼拌、蒸煮、炒炸或烤均適宜。近年來國內產量較多，價格不算貴，多攝取可保健身體。

枸杞

平時將枸杞泡入沸水中當作茶飲，可潤肺清肝、明目養生，也是燉補常用的藥材。

紅黑棗飯

材料：（4～5人份）
白米2杯、紅棗50g.、黑棗50g.

調味料：
鹽1/2小匙

做法：
❶ 白米洗淨，浸泡30分鐘瀝乾待用，紅、黑棗沖淨，浸泡溫水30分鐘。
❷ 將紅、黑棗放入白米中，倒入2杯浸泡棗子的水，放入鹽以電鍋煮熟即可。

紅棗&黑棗

紅棗味甘，可以活化五臟六腑、預防老化、潤喉強精及補血。黑棗又稱烏棗，含有多種的維生素及膳食纖維，可補益脾胃、補陰養血。婦女產後「做月子」更是少不了它們。

紅豆飯

R I C

材料：（3～4人份）
白米2杯、小紅豆2/3杯

做法：
❶紅豆洗淨倒入深鍋內，加入適量水（與紅豆面平），以中火煮沸，轉小火燜煮15分鐘後關火，紅豆留鍋浸泡至水涼，再將紅豆撈出。
❷白米洗淨瀝乾，加入2杯水浸泡30分鐘，放入紅豆以電鍋煮熟即可。

吃紅豆沾喜氣

日本人家有喜事都會煮紅豆飯來慶祝，紅豆普遍運用於糕餅餡料及甜點上，營養成分極高，尤其在女性生理期間多吃紅豆甜湯更能減緩腹部的不適。

運用豆豆

黃豆、綠豆、米豆、黑豆等豆類都適合與白米一起煮，各有其營養價值，惟黑豆浸泡與熬煮的時間需較久。

雜糧飯

材料：（4～5人份）

糙米60g.、**黑糯米**60g.、**高粱米**60g.、**燕麥**60g.、**蕎麥**60g.、**米豆**60g.

做法：

❶ 糙米、黑糯米、高粱米、燕麥、蕎麥及米豆以水浸泡1小時後瀝乾水份。

❷ 將所有材料放入深鍋內，加入水（水量高度需超過雜糧面且高出3公分），以電鍋煮熟即可。

雜糧好處多多

雜糧種類數十種，是現代人的熱門健康食品，穀類搭配豆類煮食可以攝取到良好的植物性蛋白質；穀類內含大量膳食纖維素，可增進腸胃的蠕動及促進排泄，但同一時間內不要攝取太多種類與份量，因為人體消化系統的消化酵素無法一次分解太多的膳食纖維，很容易引起脹氣或腹瀉等現象，所以每次搭配的種類最好不要超過六種。

十全乾果飯

材料：（7～8人份）

白米3杯

A. 蔓越莓40g.、藍莓40g.、葡萄乾40g.、杏桃40g.、無花果 40g.、桑椹40g.

B. 核桃20g.、腰果20g.、松子20g.、杏仁20g.

調味料：

鹽1小匙

做法：

❶白米洗淨瀝乾，加入鹽、3杯水浸泡30分鐘，再加入材料A繼續浸泡10分鐘，以電鍋煮熟。

❷烤箱以150°C預熱，再將材料B放入烤箱中烤3~5分鐘，取出鋪於飯上即可。

乾果＆堅果

這類乾果、堅果都很有營養，常運用於在西點烘焙上，與米食搭配也是不錯的選擇，很適合家庭聚會時展現手藝，小朋友和老人都會喜歡，不但吃得開心且營養。

什香菜飯

材料：（4～6人份）
白米2杯、乾魷魚1/2條、豆乾5個、榨菜絲20g.、香菇絲30g.、黑木耳絲30g.、金針菇30g.、芹菜30g.、黃豆芽50g.、紅蘿蔔絲30g.、筍絲50g.

調味料：
鹽1小匙、淡色醬油1/2大匙

做法：
❶白米洗淨瀝乾，加入1 1/3杯水浸泡30分鐘；魷魚剪成細條，再浸泡溫水（放入少許蘇打粉）1小時後沖淨；芹菜洗淨切段，豆乾切絲待用。
❷鍋燒熱後加入1大匙沙拉油，待油熱爆香魷魚絲，隨即放入香菇、豆乾、榨菜及調味料翻炒均勻，再放入其他材料快速拌勻，盛出後鋪於白米上以電鍋煮熟。
❸白飯煮熟後，用竹筷將飯挑鬆使飯菜混合均勻。

北方人的素什錦

這道飯所用的十種食材，若將魷魚絲換成綠豆芽即為過年時北方人的年菜「素什錦」。此處放入魷魚，是為了讓魷魚其香味增加飯的鮮美口感。

菇菇飯
RICE

R I C E R I C E R I C E

♥材料：（4～5人份）
白米2杯、鴻喜菇40g.、柳松菇40g.、杏鮑菇40g.、香菇40g.、猴頭菇40g.、鮑魚菇40g.、金針菇40g.、茶樹菇40g.、洋菇40g.、草菇40g.

♥調味料：
鹽1小匙

♥做法：
❶白米洗淨瀝乾，加入1 1/2杯水浸泡30分鐘。
❷將所有菇類洗淨，瀝乾水份放入白米中，加鹽後以電鍋煮熟即可。

菇菇飯

菇菇家族

菇屬菌類，中國人喜歡吃菇、歐美人也愛菇、日本人喜愛品菇幾近抓狂，菜、飯永遠少不了菇。菇的種類全世界約二、三百種，台灣市面常見約十餘種，有些因產量少極為珍貴，都由餐廳或飯店收購。若找不到食譜中的菇，可以其他的菇類代替，味道一樣鮮美。

紫米雞飯

RIC

R I C E R I C E R I C E

紫米雞飯

♥材料：（6～8人份）

烏骨雞1隻、紫米(黑糯米)2杯、白米1杯

♥調味料：

A.米酒2大匙

B.鹽1大匙、胡椒粉1大匙、糖1大匙、五香粉1小匙

♥做法：

❶烏骨雞洗淨，擦乾雞身內外的水份，以米酒抹遍雞身及雞肚，放置15分鐘。將調味料B拌勻，塗抹雞身及雞肚醃漬2小時待用。

❷紫米、白米混合淘洗淨瀝乾，加入2杯水浸泡2小時，放入電鍋煮熟。

❸將煮好的米飯塞入雞肚內，塞至八分滿，放入蒸籠以中火蒸30分鐘，取出待涼後將雞胸部位切開即可食用。

烏骨雞

烏骨雞肉質口感佳，包含豐富的蛋白質及鐵質，且脂肪含量遠低於肉雞，故民間視它為燉補的好食材。

紫米

紫米營養價值高於一般的白米，摻入白米是為了增加紫米的黏性；也可以全部用紫米煮，那就更補了。

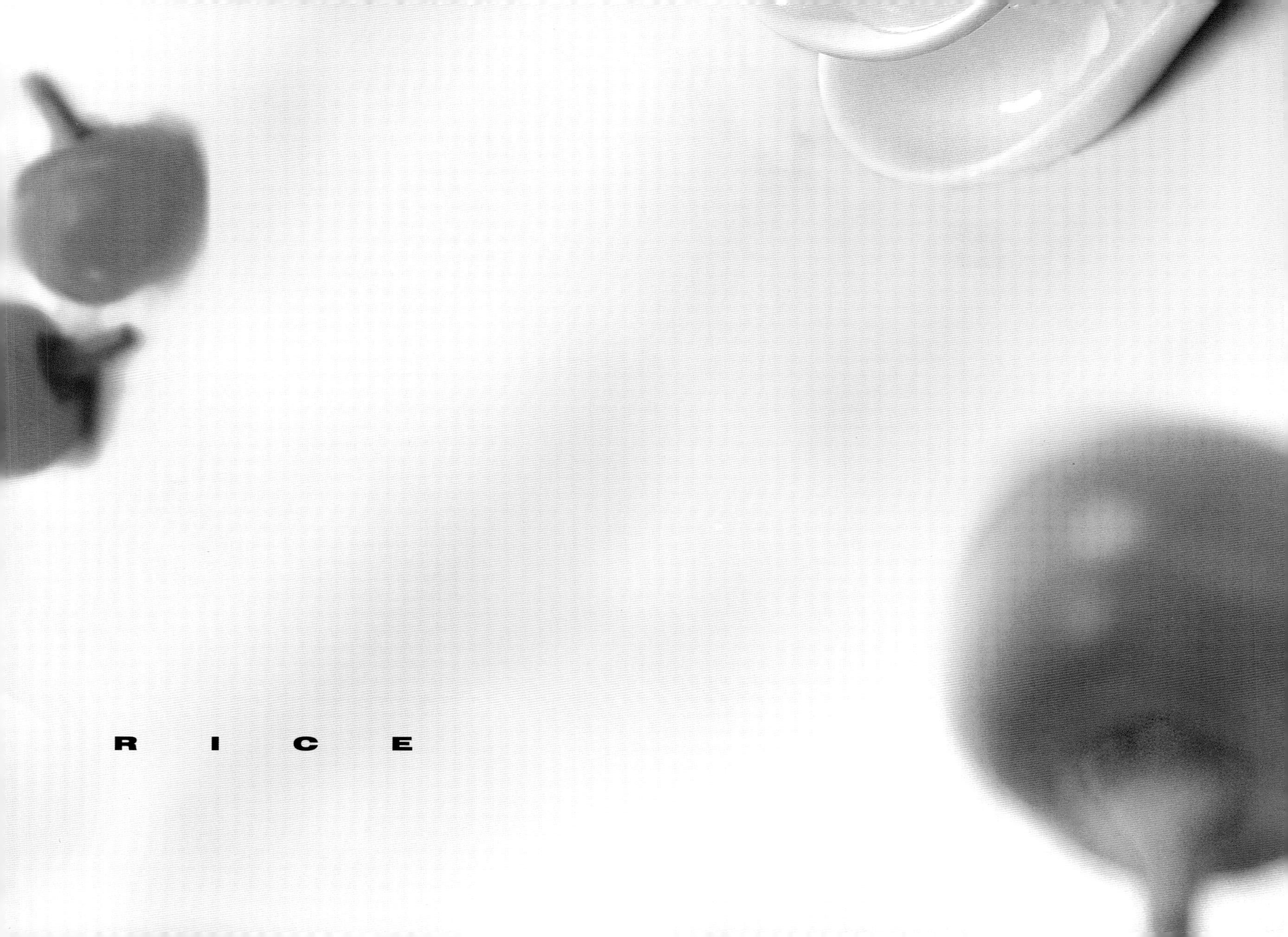
RICE

稀飯和粥

Porridge

排骨糙米粥

RICE

R I C E R I C E R I C E

材料：（3～4人份）
糙米150g.、**薏仁**50g.、**排骨**300g.

調味料：
鹽1小匙

做法：
❶ 排骨剁塊後洗淨，以沸水汆燙，再用冷水沖洗一次。糙米、薏仁分別洗淨後瀝乾水份待用。
❷鍋內放入排骨、糙米、薏仁及5碗水，以小火熬煮90分鐘至排骨軟爛，再加入鹽調味即可。

排骨糙米粥

薏仁

薏仁具增強免疫功能、解熱、鎮痛、美膚及去斑的功效，懷孕期間忌食。坊間賣的糙米粥未加薏仁，你不妨在家動手煮，不但營養且衛生。

粥變濃稠的方法

糙米本身無黏性，所以煮好的粥不會濃稠，加些薏仁可使這道粥稍為濃稠。

虱目魚肚粥

RICE

R I C E R I C E R I C E

♥**材料：（1人份）**
白飯1/2碗、虱目魚肚1個、嫩薑10g.、蔥花適量

♥**調味料：**
鹽1/2小匙、麻油少許

♥**做法：**
❶嫩薑洗淨後切絲，虱目魚肚去鱗洗淨待用。
❷取一深鍋加入2碗水、白飯以小火熬煮5分鐘，放入虱目魚肚轉中火熬煮6分鐘，加入鹽調味即關火，撒下蔥花、滴下麻油即可。

虱目魚肚粥

虱目魚

虱目魚肚粥是典型的台式粥品，除此外尚有蚵仔粥、海鮮粥。虱目魚最好吃、最貴的部分即為肚子，烹煮時不宜受熱太久，煮老了肉質就不滑嫩了。冬季虱目魚最肥美，煮粥或煮麻油湯都是很營養的補品。

生魚片粥

RICE

R I C E R I C E R I C E

生魚片粥

材料：（3～4人份）
白米1杯、腐竹60g.、鯛魚片200g.、嫩薑適量、青蔥絲適量

調味料：
鹽1½小匙

做法：
❶腐竹泡軟瀝乾，撕成小片，嫩薑洗淨切絲待用。
❷粥底：白米洗淨瀝乾後放入深鍋內，加入6碗水、1小匙鹽、4~5滴沙拉油及腐竹片，以中火熬煮90分鐘待用。
❸取一深碗，放入鯛魚片、薑絲及剩餘的鹽，將沸騰的白米粥沖入碗內（圖1），讓高溫的粥浸泡魚片至熟，加入青蔥絲即可。

1

生魚片粥的特色

生魚片粥是廣東粥品之一，米粒須熬煮至碎爛濃稠，首先要將粥底熬煮好，利用沸騰的粥底沖泡生食材至熟即可。鯛魚片可利用其他種類的生魚片替代，務必將魚片切薄，太厚不容易浸泡熟。

廣東粥

♥**材料：**（3～4人份）
絞肉50g.、花枝50g.、豬肝50g.、蝦仁50g.、雞蛋3個、蔥花適量、油條1根

♥**調味料：**
鹽1/2小匙

♥**做法：**
❶製作粥底：做法見P.99步驟2。
❷花枝、豬肝洗淨後切片，蝦仁洗淨抽掉腸泥。
❸製作廣東粥：將所有材料分成3~4人份，一份一份熬煮。取一深鍋，舀入適量粥底以小火煮沸，放入一份絞肉、花枝、豬肝及蝦仁，用湯杓翻動鍋底再次煮沸即關火，打入1個雞蛋，加入少許鹽，最後放入蔥花及油條即可。

關於廣東粥

標準的廣東粥煮法是一碗一碗煮，若大鍋熬煮，其味道口感差距甚大。本道粥品流行於士林夜市三十多年，是改良式的廣東粥；其實正統廣東粥尚有生魚片粥、皮蛋叉燒粥、狀元及弟粥以及滑蛋牛肉粥等。

南方人與北方人的粥

南方人「吃」粥，餡料較多且帶鹹味；北方人「喝」粥，大部份以雜糧熬煮且不放調味料的清粥，通常搭配饅頭、包子或餅類食用。

ICE

鹹粥

材料：（2人份）

白飯1碗、牡蠣20粒、紅蔥頭末20g.、蝦米10g.、香菇絲10g.、蔥花少許

調味料：

鹽1小匙

做法：

❶ 牡蠣放入薄鹽水內浸泡10分鐘，逐一洗淨瀝乾水份待用。

❷ 鍋燒熱後加入1/2大匙油，待油熱炒香紅蔥頭末、蝦米及香菇絲，放入2碗水、白飯以中火熬煮3分鐘，再放入牡蠣續煮1分鐘，加鹽調味後關火，撒下蔥花或香菜末即可。

剩菜別急著倒掉

這是典型的台式鹹粥，做法簡單且營養，當作正餐、宵夜或早餐均適宜，也可以利用家裡的剩菜來煮各式各樣的鹹粥，千萬別糟蹋糧食喔。

瑤柱鮑魚粥

RICE

R I C E R I C E R I C E

瑤柱鮑魚粥

材料：（3～4人份）
白米200g.、瑤柱（乾干貝）6～8粒、鮑魚1罐、芹菜1株

調味料：
鹽2小匙

做法：
❶芹菜洗淨瀝乾後切碎。
❷瑤柱沖洗後裝入碗內，加清水蓋過表面蒸軟，再用湯匙壓散備用。
❸白米洗淨與做法❷的材料一起倒入深鍋內，加入6碗水以中大火煮沸後蓋上鍋蓋（鍋蓋留一縫隙），再轉小火熬煮80～90分鐘。
❹鮑魚切片連同湯汁一起倒入深鍋內，再加入熱粥、調味料，撒下芹菜即可食用。

鮮美的高檔食材

這份粥品非常鮮美高檔，外面餐廳一份要價400～500元。想省錢又想吃美食？不如自己動手做做看吧！

皮蛋鹹肉粥

材料：（3～4人份）
白米200g.、排骨500g.、皮蛋4個、青蔥末100g.

調味料：
白胡椒粉適量

做法：
❶排骨洗淨後瀝乾水份，撒入2大匙鹽抓拌均勻，接著放入冰箱，醃漬2天後沖洗淨備用。
❷白米洗淨後與做法❶的材料一起倒入深鍋內，加入10碗水，以中大火煮沸後蓋上鍋蓋（鍋蓋留一縫隙），再轉小火熬煮約90～100分鐘。
❸皮蛋剝殼切小塊，放入深碗內，舀入排骨粥，撒上胡椒粉、青蔥即可。

排骨
排骨醃漬2天才夠鹹香，所以食用時不需再加入鹽。這也是廣東人的一種獨門吃法喔！

阿嫲ㄟ芋頭鹹粥

材料：（4～5人份）
白飯11/2碗、瘦肉絲150g.、香菇8朵、芋頭1個、芹菜1株、蝦米60g.、油蔥酥50g.

調味料：
鹽4小匙、胡椒粉適量

做法：
❶把香菇泡軟切絲、芋頭削皮切丁、蝦米泡軟、芹菜洗淨切碎。
❷肉絲加入少許鹽、太白粉，抓拌均勻備用。
❸炒鍋熱1大匙沙拉油後，放入蝦米、香菇爆香，再倒入6碗水煮沸。之後轉小火熬煮10分鐘，加入芋頭、白飯燜煮5分鐘，接著放入肉絲，煮至肉絲條條分開、泛白，加入鹽、胡椒粉，撒點芹菜、油蔥酥就可食用了。

傳統的古早味

阿嬤的菜永遠吃不膩，肉絲加入鹽、太白粉抓拌去腥後，肉質更清嫩爽口。

蕃茄排骨粥

材料：（3～4人份）
白飯2碗、排骨400g.、蕃茄3個、洋菇10朵、玉米1束、木耳20g.、菠菜100g.

調味料：
鹽4小匙

做法：
❶排骨洗淨放入沸水汆燙後撈出，將蕃茄、玉米切塊，洋菇切片、木耳切丁，菠菜切段備用。
❷將排骨、蕃茄、玉米倒入深鍋內加入8碗水，以中大火煮沸後蓋上鍋蓋（鍋蓋留一縫隙），再轉小火熬煮70～80分鐘待用。
❸鍋內倒入做法❷之材料高湯，加入白飯、木耳、洋菇，以中火燜煮6～7分鐘，再放入菠菜、鹽繼續煮1分鐘後即可。

番茄
蕃茄是當紅的防癌、防老化的蔬菜，要經過煮熟後的營

I C E

紅棗福圓粥

材料：（2人份）
圓糯米200g.、紅棗100g.、桂圓150g.

調味料：
紅糖100g.、白砂糖100g.、米酒適量

做法：
❶糯米洗淨，紅棗沖洗，桂圓剝小塊被備用。
❷將做法❶的材料放入深鍋內，加入7碗水以中大火煮沸後蓋上鍋蓋（鍋蓋留一縫隙），再轉小火熬煮80～90分鐘後，加入紅糖、白砂糖及適量米酒即可。

甜品好吃的方法
福圓粥是台式有名的甜粥，加入些許紅糖可增加其香氣，適量米酒能使其風味更加獨特。

國家圖書館出版品預行編目資料
趙柏淯的招牌飯料理：炒飯、炊飯、燴飯、異國飯＆粥／趙柏淯著.一初版一台北市：
朱雀文化，2007〔民96〕
面； 公分，--（Cook50；078）
ISBN 978-986-7544-97-1（平裝）
1.飯 2.食譜
427.35　　96006118

出版登記北市業字第1403號

趙柏淯的招牌飯料理

炒飯、炊飯、燴飯、異國飯＆粥

COOK50 078

作　者■趙柏淯　攝　影■孫顯榮・宋和憬　封面設計■許淑君
版型設計■茉莉.com　美術編輯■黃金美　編　輯■葉菁燕
企畫統籌■李　橘　發行人■莫少閒　出版者■朱雀文化事業有限公司
地　址■台北市基隆路二段13-1號3樓　電話■(02)2345-3868
傳　真■(02)2345-3828　劃撥帳號■19234566 朱雀文化事業有限公司
e-mail■redbook@ms26.hinet.net　網　址■http://redbook.com.tw
總經銷■展智文化事業股份有限公司
ISBN13碼■ 978-986-7544-97-1　初版一刷■2007.04
定　價■280元　出版登記■北市業字第1403號

About買書：

●朱雀文化圖書在北中南各書店及誠品、金石堂、何嘉仁等連鎖書店均有販售，如欲購買本公司圖書，建議你直接詢問書店店員，如果書店已售完，請撥本公司經銷商北中南區服務專線洽詢。
北區（02）2250-1031 中區（04）2312-5048 南區（07）349-7445

●●上博客來網路書店購書（http://www.books.com.tw），可在全省7-ELEVEN取貨付款。

●●●至郵局劃撥（戶名：朱雀文化事業有限公司，帳號：19234566），
掛號寄書不加郵資，4本以下無折扣，5～9本95折，10本以上9折優惠。

●●●●親自至朱雀文化買書可享9折優惠。

Rice

趙柏淯的招牌飯料理

炒飯、炊飯、燴飯、異國飯＆粥

市面上最流行的及[illegible]可見的
炒飯、健康飯、地方風味飯、異[illegible]飯及粥品。
只要利用冰箱中[illegible]庫存的任何食物、
罐頭來組合烹製成菜飯、燴飯、炒飯、鹹粥，
就可以免除設計主菜、配菜的煩惱。

ISBN 978-986-7544-97-1
00280
9789867544971
定價280元

Noodles
趙柏淯的私房麵料理

炒麵、涼麵、湯麵、異國麵＆餅

麵食大師趙柏淯老師將市面上最流行及最受歡迎的麵食，佐以自己精闢的配方設計出更好吃更鮮美的私房麵食譜，包括湯麵、乾麵、涼麵、炒麵、大江南北麵和異國風味麵，還教你自製手工麵條、熬高湯和製作醬料。

救國團烹飪名師
趙柏淯 著

朱雀文化

趙柏淯

對麵食、小吃、南洋菜等料理皆深具研究，
喜愛做菜，且樂於教授給讀者及學生。
工作之外，時常雲遊四海，
吃遍世界美食，結交各地好友。

民國74年取得中餐烹調技術士丙級執照
民國81年取得中餐烹調技術士乙級執照
民國81年取得烘焙（中點麵包）技術士丙級執照
民國95年取得中式麵食技術士丙級執照

民眾活動中心中菜、港式點心、烘焙、麵食講師
翠姨熟食專賣坊負責人
打破砂鍋專賣店、我心亦然簡餐店、吃小吃餐飲店、風雅文山咖啡簡餐店等烹調技術指導

- 麵食教師：中國青年服務社、台北市救國團景美社會教育中心
- 南洋料理教師：中國青年服務社、台北市救國團景美社會教育中心
- 熱炒快炒教師：中國青年服務社、台北市救國團景美社會教育中心、台北縣救國團內湖社會教育中心、台北縣救國團雙和社會教育中心
- 街頭小吃教師：中國青年服務社、台北市救國團景美社會教育中心、台北縣救國團板橋社會教育中心

《趙柏淯的招牌飯料理》、《來塊餅》、《南洋料理100》、《5分鐘涼麵・涼拌菜》、《愛吃重口味100》（朱雀文化出版）